夏季的科学

[阿] 瓦莱里娅 · 埃德尔斯坦 / 文
[阿] 哈维尔 · 勒布尔森 / 绘
涂小玲 / 译

人民东方出版传媒
People's Oriental Publishing & Media
東方出版社
The Oriental Press

图字：01-2019-2808

图书在版编目（CIP）数据

夏季的科学 /（阿根廷）瓦莱里娅 · 埃德尔斯坦著 ;（阿根廷）哈维尔 · 勒布尔森绘 ; 涂小玲译 .— 北京 : 东方出版社 , 2019.8
（四季的科学）
书名原文：Science for Summer Months
ISBN 978-7-5207-1043-5

Ⅰ . ①夏… Ⅱ . ①瓦… ②哈… ③涂… Ⅲ . ①季节－青少年读物 Ⅳ . ① P193-49

中国版本图书馆 CIP 数据核字（2019）第 109254 号

夏季的科学

（XIAJI DE KEXUE）

［阿］瓦莱里娅 · 埃德尔斯坦 / 文
［阿］哈维尔 · 勒布尔森 / 绘　涂小玲 / 译

策　　划：鲁艳芳　张　琼
责任编辑：黎民子
装帧设计：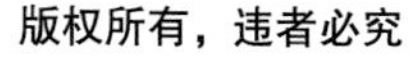
出　　版：東方出版社
发　　行：人民东方出版传媒有限公司
地　　址：北京市朝阳区西坝河北里 51 号
邮政编码：100028
印　　刷：北京彩和坊印刷有限公司
版　　次：2019 年 8 月第 1 版
印　　次：2019 年 8 月北京第 1 次印刷
开　　本：889 毫米 x 1092 毫米　1/20
印　　张：2.6
字　　数：85 千字
书　　号：ISBN 978-7-5207-1043-5
定　　价：35.00 元
发行电话：（010）85924663　85924644　85924641

欢迎你，夏天！

一年中最炎热的季节到了。阳光耀眼，让你产生拥抱大海、漫步山林和在公园中嬉戏的欲望。

是时候从衣柜里取出泳衣、凉帽、雨伞、浴巾和防晒霜了。

当然，也是时候要问你一大堆关于炎热的问题啦！你准备好了吗？

一起来玩吧！

目录

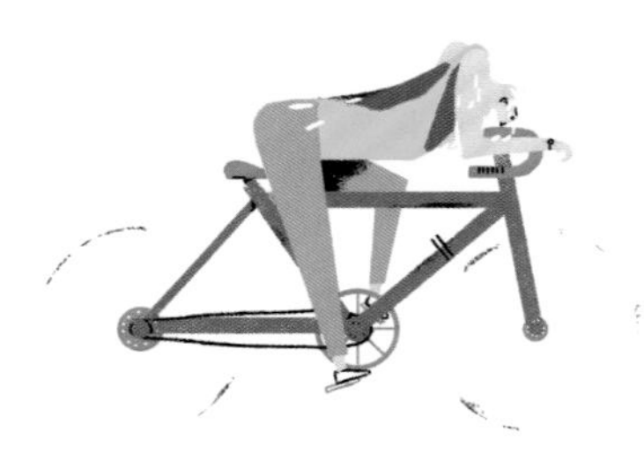

你如何知道夏天到了？/8

为什么叫至日？/9

太阳是如何发热的？/10

太阳的温度是多少？/11

为什么夏天很热？/12

别搞错了！/12

热可以（像物质一样）拥有吗？/14

是热量还是温度？/15

为什么我们会被晒黑？/16

为什么身体有的部位不会变黑？/17

防晒霜是如何防晒的？/18

什么是防晒系数？/19

太阳镜是如何发挥作用的？/20

深色镜片能保护眼睛吗？/21

为什么天热的时候会出汗？/22

其他散热方法 /23

为什么玻璃瓶也会“出汗”？/24

湿度代表什么？/25

为什么吹电风扇会让你感到凉爽？/26

晾衣服 /27

空调是如何降温的？/28

什么是分体式空调？/29

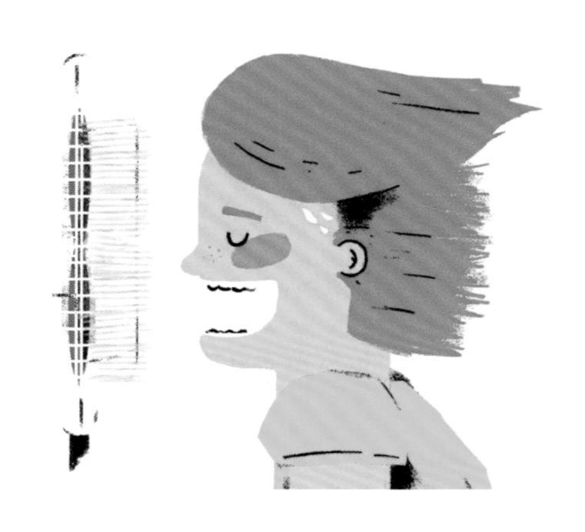

什么是热射病？ /30

何为热浪？ /31

耳朵可以用来降温吗？ /32

蚂蚁也有防晒霜？ /33

缺水的情况下如何生存？ /34

植物是越大越好吗？ /35

有什么办法可以度过难以忍受的酷热？ /36

你更喜欢白天还是夜晚？ /37

为什么有些沙滩滚烫，而有些不烫？ /38

海滩上的沙子从哪里来？ /39

为什么海水是咸的？ /40

是咸的，咸咸的 /41

为什么马路上会形成海市蜃楼？ /42

一片绿洲！ /43

蟋蟀为什么喜欢在夏天“鸣叫”？ /44

带翅膀的温度计 /45

为什么夏天蚊子这么多！ /46

嗡嗡嗡嗡……/47

火车“咣当咣当”的声音和夏天有什么关系？ /48

你发烧了吗？ /49

你如何知道夏天到了？

每天你都可以观察到太阳从东方的某一点露出头来，在天空中画出一条上升的弧线后于正午到达最高点并开始下落，直到躲进西方的某一点。这种**表观运动**是地球自转和围绕太阳公转的结果，一年中会呈现不同的表现方式：其中有六个月弧线逐渐变大，而剩下的六个月弧线会逐渐变小。随着弧线的扩大，太阳越来越高，其可见时间也越来越长。直到某一天太阳画出了最大弧线，到达天空中的最高点，白昼时间也达到最长。这一天就是**夏至**，夏天正式开始！

在南半球，夏至发生在 12 月 21 日前后；而在北半球，夏至发生在 6 月 21 日前后。

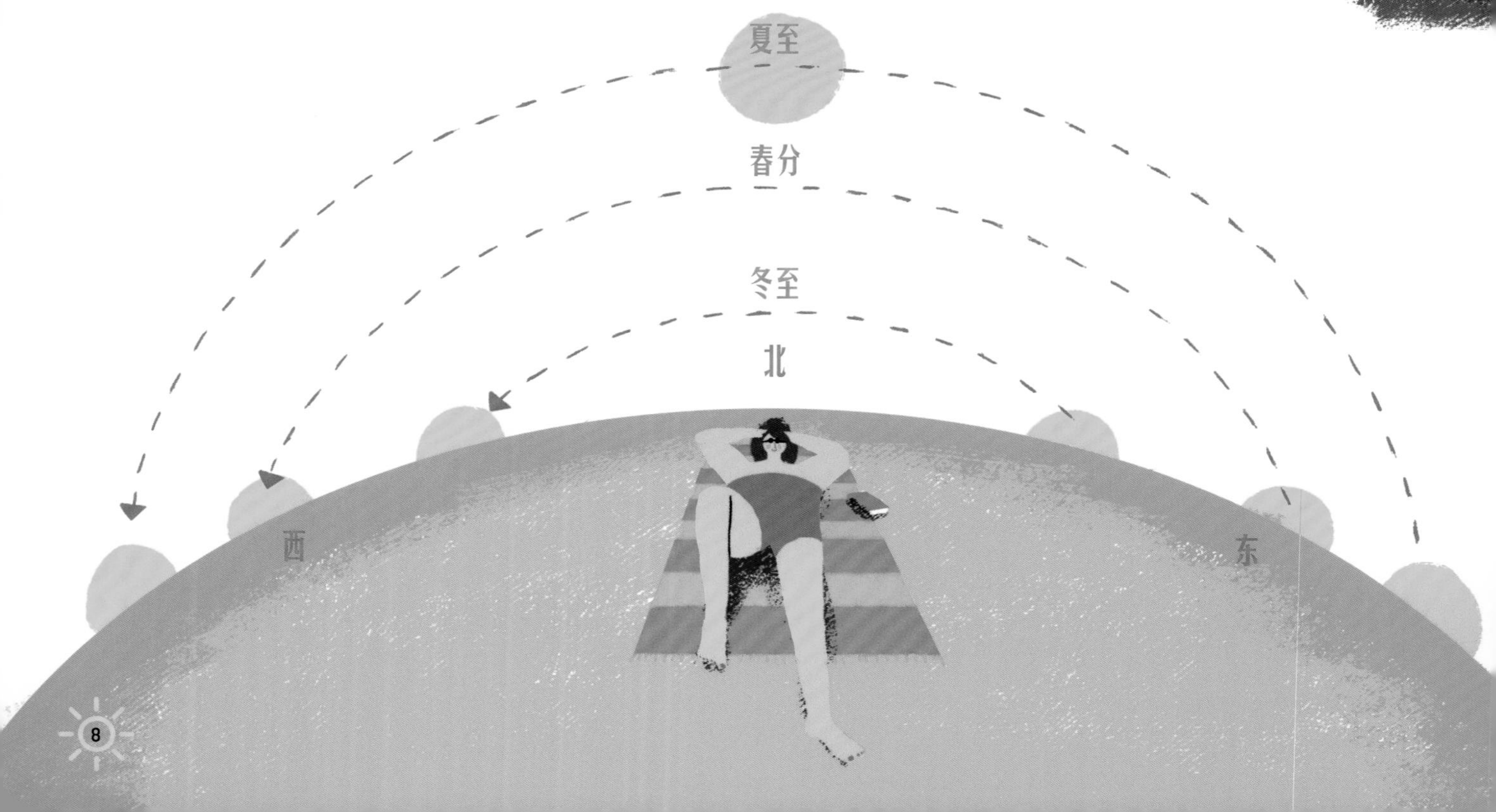

为什么叫至日？

“至日”的意思是太阳在天空中“静止”了……可是为什么叫这个名字？夏天开始前的几天，如果你观察每天正午太阳的位置，你会发现太阳一天比一天高，直到有一天到达某个位置“静止了下来”（也就是说太阳不再升高了）。而从这一天的第二天起，每天正午太阳的位置会开始逐渐下降。

趣闻

在今天的英格兰南部，一些巍峨的巨石屹立在旷野间，组成了环形的**巨石阵**，约五千年前它们就在那里了。人们相信巨石阵曾经是一座古天文台。当夏至来临，一缕阳光穿过巨石阵圆环，直接投射到一块名叫“脚跟石”的长长的大石之上。虽然过了几千年，那缕宣告夏天来临的阳光却从来没有失误过。

太阳是如何发热的?

太阳和所有恒星一样，是一个巨大的气团。它的内部发生着核反应，释放出巨大的能量，即使传递到太阳表层，温度也非常高。太阳能量传递到地球靠的是辐射，准确地说是**红外线辐射**。肉眼看不见辐射，但却能感觉到热量。而**可见光**是你用肉眼就可以捕捉到的光线。如果缺少适当的保护，**紫外线辐射**会灼伤你的皮肤。

不是所有的太阳辐射都能到达地球：一部分“在半路上消耗掉了”，一部分被地球大气层所吸收（特别是臭氧层），还有一部分被反射回太空。剩下那些成功穿越大气层的辐射，加热了那些最靠近地球的空气层以及地表。

太阳的温度是多少？

太阳的中心发生着核反应，温度可以达到1500 万℃。简直太热了！在远离太阳中心的过程中温度逐渐下降，到太阳表面时温度只剩下大约 5600℃。

趣闻

古埃及神话中的太阳神拉，据说会在早晨登上他的船，开始 12 小时的绕地球旅行。在夜晚 12 小时的黑暗之中，他转到居住着可怕怪兽的地区，怪兽们千方百计想阻止他前行。

为什么夏天很热？

夏天热而冬天冷的原因在于地球有一根无形的轴，你可以把它想象成一根穿过两极的倾斜的棒子。正是这种倾斜使得阳光在不同的季节以不同的角度投射到地球：夏季时角度接近直角（略向右倾斜），冬季时的角度则是斜的。夏天，阳光以几乎垂直的角度投射过来，大气层能够反射和过滤的光线变少了，这样就有更多的光线到达地球表面。另外，阳光更集中，升温效果达到最大。同时，白天更长，日照时间也更长。简直太热了！

别搞错了！

地球绕太阳运行的轨道是椭圆形的，但不是被拉伸得长长的椭圆，而是更接近正圆。这就使得一年中，地日之间的距离变化不大。因此，虽然某些月份地球距离太阳近一些，另一些月份距离太阳远一些，但这并不会对地球温度产生太大影响，也不是因为这样而产生四季的。

趣闻
地球上最热的地方在美国加利福尼亚州莫哈韦沙漠的死亡谷（名字太恐怖了！）。1913 年 7 月 10 日，在那里测量出了世界最高气温，官方记录：56.7 ℃。

热可以（像物质一样）拥有吗？

18世纪末，科学家们认为热是一种看不见、坚不可摧和无质量的物质。他们称这种物质叫**热质**，并且认为高温物体拥有大量热质，而低温物体热质很少。当这两种物体相互接触，热质会从高温物体流向低温物体，也就是说高温物体加热了低温物体。科学家们利用“热质说”成功解释了很多现象，因此这种理论盛行了几十年。然而，19 世纪中期的一些实验结果表明，被科学家们称为的热并非物质，而是一种能量形式。最终“热质说”被放弃了。

如今我们认为热是从高温物体向低温物体的**能量传递**，也就是从物理学角度来说，热不能被拥有，只能被传递。但是日常生活中我们一直都在说“（我）有些热”[①]，也许这种表达是从“热质说”来的吧。

译者注

①实际上，西班牙语表达的“（我）热”，直译是“（我）有热”。

是热量还是温度?

温度是衡量物体内能的一种指标：能量越多，温度越高。如果两个温度不同的物体相互接触，能量将从较热物体向较冷物体传递，直到两个物体的温度一致。**热量**是被传递的能量，温度是衡量这一能量的一个指标。

趣闻

人类创造的最高温度高达5万亿（5，000，000，000，000）℃！这一温度是2012年科学家用大型强子对撞机模拟**宇宙大爆炸**之后瞬间状况时测量到的。

为什么我们会被晒黑？

我们的表皮里有一种特殊的细胞即**黑色素细胞**。黑色素细胞负责产生**黑色素**，也就是让皮肤变色的一组色素：当黑色素细胞只产生少量黑色素，那么肤色会较浅；黑色素越多则肤色越暗。

除了给皮肤上色，黑色素还为你提供双重保护：它是一张盾牌，帮助你驱散阳光紫外线；同时也是一个过滤器，吸收部分紫外线辐射并转化成热量保护你的皮肤不受伤害。

当你暴露在阳光下，紫外线会促使黑色素细胞产生黑色素来保护你的皮肤。与此同时，黑色素加深了你皮肤的颜色，让你看上去变黑了。

每个人天生皮肤的差异使紫外线辐射产生的“染色”效果不尽相同：有的人变黑了，有的人皮肤呈现浅咖啡色，还有的人红得像个番茄。

趣闻

中世纪的贵族从来不晒太阳，因为那时候拥有雪白的肌肤是身份的象征：证明他们不需要像农民一样靠在阳光下劳作为生。由于他们的皮肤太白了，皮肤下的血管看上去很明显，由此产生了王后、王子和其他王公贵族们拥有“蓝色血液”的说法。

为什么身体有的部位不会变黑？

我们身体某些区域的皮肤很厚，黑色素细胞“藏”得很深很分散。比如，不管你多么努力，也无法让你的手掌和脚掌跟你的手臂和大腿一样晒得那么黑。

防晒霜是如何防晒的?

到达地球的紫外线（UV）分为三种：UVA、UVB 和 UVC。UVA 可以穿过大气层，是让你变黑的主要原因。UVB 的伤害比 UVA 更大一点，但大部分被臭氧层所吸收，只有小部分能够穿过大气层。UVC 对人体伤害最大，但幸运的是，它能被臭氧层全部吸收。

尽管大部分的辐射会被大气层吸收，而且黑色素会为你提供双重保护，但不涂防晒霜暴露在阳光下，等于把你的健康暴露于危险之中。那么防晒霜是怎样保护你的呢？防晒霜含有一些叫作**“过滤器”**的物质，分为两种：一种是可以吸收紫外线辐射并转化为其他能量的**“化学过滤器”**，转化后的能量不会伤害皮肤；另一种是能够反射阳光阻止辐射入侵皮肤的**“物理过滤器”**。

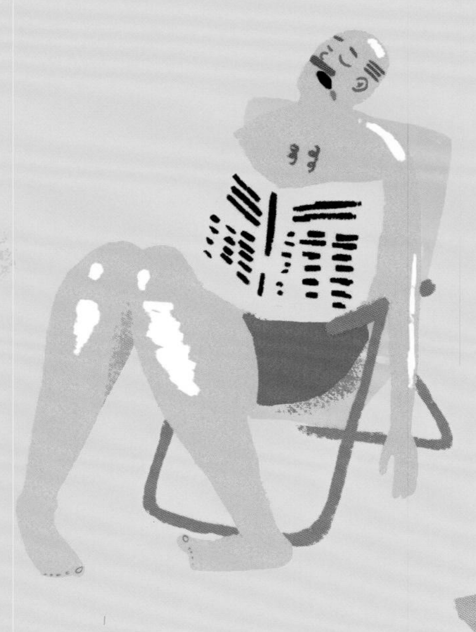

什么是防晒系数?

防晒系数（SPF）是指防晒品保护你的皮肤不受 UVB 伤害的防护倍数，也就是你可以曝露于阳光下的防晒时间倍数。举个例子，如果你的皮肤在太阳下 1 分钟会晒红，使用 SPF15 的防晒霜，15 分钟后才会被晒红。如果你的肤色偏黑，5 分钟才会被晒红，那么使用同样的防晒霜可以保证你 75 分钟内不会被晒伤。

趣闻

第二次世界大战期间，很多航空母舰上的士兵被严重晒伤。1944 年，药剂师兼飞行员本杰明·格林发现，在皮肤上涂抹一种从石油中提炼出的油性物质后，晒伤显著减少。这种物质被称作“红色宠物”，20 世纪 40 年代，人们把它混合了可可脂和椰子油后，生产出了世界上第一款投放市场的防晒产品：水宝宝。

太阳镜是如何发挥作用的？

紫外线辐射会对你的眼睛造成伤害，但正如皮肤一样，眼睛也有自己的保护机制。强烈的阳光下，瞳孔会收缩，减少光线进入。而位于瞳孔后面的晶状体，如同一个天然过滤器，会吸收大部分 UVA 射线。

但有时候这种保护很不够，使用太阳镜便不失为一个好主意。尽管你可能习惯用颜色深浅来区分太阳镜，但你需要知道很重要的一点，与太阳镜对于紫外线辐射的保护程度有关的不是镜片颜色的深浅，而是镜片上的过滤物质。太阳镜镜片上有一层**紫外线过滤膜**，这是一种化合物，可以吸收 UVA 和 UVB 辐射，作用与防晒霜相似。

趣闻

墨镜最早诞生于 12 世纪的中国，使用烟熏色石英制成。据传其设计不是为了免受太阳伤害或纠正视力缺陷，而是用于法官在审判中佩戴，用以掩饰法官的情绪或想法。

深色镜片能保护眼睛吗？

许多太阳镜没有紫外线过滤功能，只是用不同颜色将玻璃或塑料镜片变暗，比如棕色、灰色、绿色、黄色甚至红色。它们可以减弱进入你眼睛的光线的强度，让你感觉更舒服，但实际上，它们并不能保护你的眼睛免受紫外线辐射的伤害。而且，在你眼前放一片暗色镜片，会让你的瞳孔扩张，使进入眼睛的辐射反而比不戴眼镜时还要多。

为什么天热的时候会出汗?

当体温处于约 37 ℃的时候，你的身体会在最佳状态下工作。天气炎热的时候（或者大量运动之后），你的体温会升高到健康体温之上，为避免这种情况的发生，身体会启动一系列机制来帮助你降温。

首先，你的大脑会向皮肤里的特殊腺体——**汗腺**发送信号，制造汗液。主要由水和无机盐组成的汗液通过皮肤**毛孔**渗出，到达皮肤表面的水分会开始蒸发；而且，水分从液态变成气态需要消耗能量，能量从哪里来？从你身体的热量而来，这样就达到了降温的效果。

趣闻

你的身体里分布着约 300 万左右个汗腺，根据外界气温和你的运动量，每天会分泌 0.5—8 升的汗液。

其他散热方法

猫和狗只在身体的某些特定部位有汗腺，比如爪子上的肉垫，所以它们散热的时候会借助其他机制：猫咪舔毛可以达到和我们出汗同样的效果；狗会吐舌喘气，通过嘴巴蒸发水分来降温。

为什么玻璃瓶也会“出汗”？

炎热的夏天到了，各种饮料广告随之而来，且喝上第一口就瞬间清爽。可是，为什么一个“出汗”的瓶子会带给你清凉的感觉？答案就在空气里。空气是由氧气、二氧化碳、氮气和水蒸气（或者气态水）等多种气体组成。前三种气体的比例几乎永远不变，但水蒸气的含量很大程度上取决于空气的温度：气温越高，所含的水蒸气越多。这就意味着，当空气温度下降，之前一部分处于气体状态的水分，由于空气无法继续承受而分离出来，转化成液态水。

炎热的天气里，你从冰箱里取出一瓶饮料，瓶子周围的热空气接触到冰冷的瓶子表面，温度迅速下降，承受水蒸气的能力同时下降。这时，饮料瓶壁上出现的水滴，就是转化成液态水的那部分多余水蒸气。

湿度代表什么?

相对湿度，指在某一温度下空气中水蒸气的含量。相对湿度 100% 意思就是一定温度下空气中的水蒸气达到饱和。相对湿度 75% 说明在同一温度下空气还能再容纳 25% 的水蒸气。

趣闻

也许你看到过飞机在高空飞行时留下的长长的“白线”。那是飞机的发动机排出的高温水蒸气接触到外部空气后迅速冷却，凝结成大量小水珠悬浮在空中形成的。

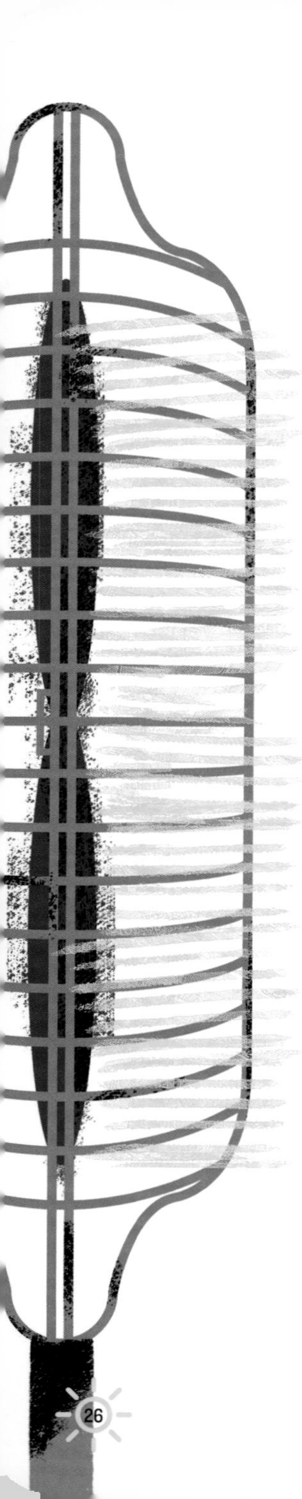

为什么吹电风扇会让你感到凉爽?

面对高温，你有一个可靠的朋友——电风扇。一旦扇叶转动起来，马上凉爽袭来。然而，和普通扇子一样，电风扇并不能降低空气的温度，它只是让空气流动起来。实际上，即使你打开再多的电风扇，房间里的温度还是不会降低。可是，电风扇为什么能让你感觉凉快呢?

当你出汗的时候，你周围的空气充满汗液形成的水蒸气，这就是为什么你会觉得皮肤湿湿的、黏黏的。扇叶运动引起的气流会带走包围你的潮湿空气，取而代之的是干爽的空气。由于接触到你皮肤的干爽空气是能吸收水蒸气的，于是皮肤表面的汗液被蒸发到空气中。高效的汗液蒸发可以从人体吸热，降低身体温度，这样你就能感觉到凉爽了。

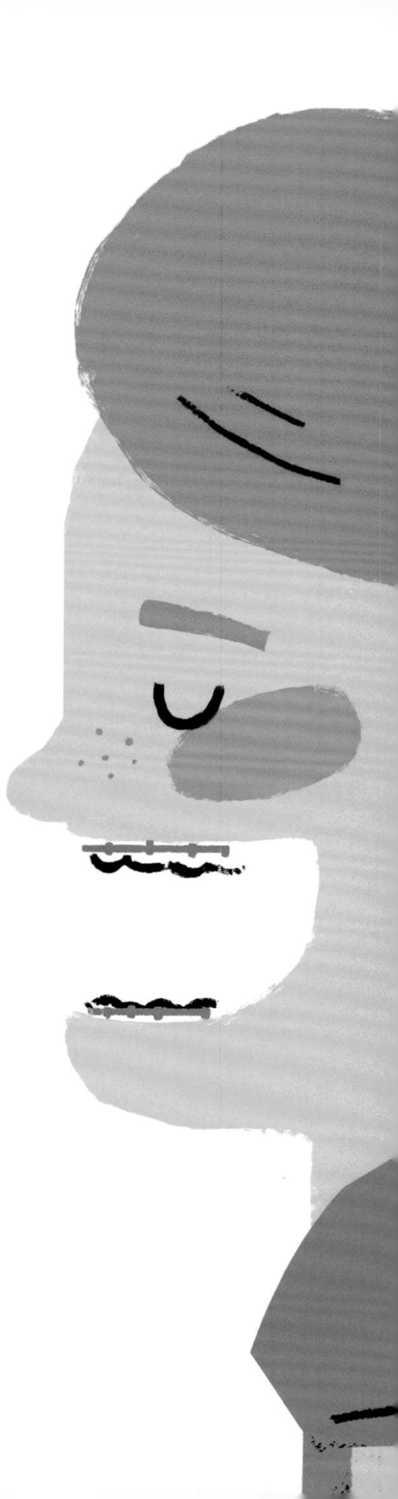

晾衣服

当你把洗好的衣服晾起来，衣服上的水分会慢慢蒸发，变成水蒸气分散到空气中。如果你把湿衣服晾在露天通风的地方，你会发现衣服干得更快。这是风加速了晾干的过程，因为它带走了衣服周围的潮湿空气，给干燥的空气让出位置，来吸收更多的水蒸气。

趣闻

根据《吉尼斯世界纪录大全》记载，世界上最大的电风扇长 8.48 米，高 5.18 米，2009 年制造于中国香港。这台电风扇使用木头和纸制成，运行方式和普通电风扇一样。你能想象到吗?

空调是如何降温的?

空调里有一种液体，当你打开空调时，这种液体会冷却至一个明显低于室温的温度。接下来，空调会抽取室内空气，使之接触安装在空调内部的那些缠绕着制冷剂的管子。在这个**热交换**过程中，空气被冷却了，同时制冷剂的温度升高了。

现在，降温了的空气被送回房间里，你就感觉凉爽了。这时候，变热的制冷剂沿着一根管子被送到空调室外机，在那里释放热量，经过一系列处理后重新冷却并准备好开始下一回合。如此循环往复，空调不断地将室内热空气排出室外。

什么是分体式空调？

如今流行分体式空调。这一概念的出现是为了区分旧式整体空调，也就是整个空调只有一个设备。过去为了安装整体式空调，需要在墙体上打一个大洞，将笨重的机器嵌入其中，这样空调一半露在室外，另一半则在室内。

趣闻

美国电影院是最早安装空调的公共场所。1925 年前后，电影通常于夏季首映，于是电影院推出了“一份价格、两个卖点”来吸引观众，即一张电影票能享受新颖的电影和凉爽的空气。

什么是热射病?

当环境温度异常升高或者湿度过大，而出汗已经不足以帮助你有效散热、调节你的体温时，这种情况下，体温会升到危险水平，造成脱水、发热、头晕、痉挛、虚弱、皮肤刺激或头痛等症状。如果体温继续上升，超过 40 ℃就会发生**热射病**，严重威胁生命安全。

为了避免得热射病，非常值得注意的是，在高温天气里喝大量的水，穿轻薄透气的衣服，避免曝露在阳光之下，不做剧烈运动。

何为热浪？

热浪是指天气持续过度炎热，日最高和最低温度至少连续三天超过本地区的炎热临界值。通常我们使用不同的颜色划定热浪等级：绿色代表不会危害健康；黄色或橙色代表对婴儿和 65 岁以上老人的健康有害；红色则代表对所有人的健康有害。

趣闻

2003 年夏天是自 1540 年开始记录以来，欧洲最热的夏天。高温加速了葡萄的成熟和脱水，使得水果的含糖量提高。这一点解释了为什么这一年的法国葡萄酒质量特别好。

耳朵可以用来降温吗?

世界上大部分沙漠都是白天气温极高而空气干燥。在这种你觉得会被烤焦的地方，有些动物却能安然地生活在那里。它们是怎么做到的? 很多沙漠动物拥有一对由皮肤包裹着弹性软骨，组成的大大的耳朵，和我们人类的耳朵很相似，但它们有一个特殊性：上面布满了血管和毛细血管。在这张血管织成的网络里流淌着丰富的血液，血液流过耳朵把体内热量散发出去，达到防暑降温的效果。多亏有了这个特殊的冷却系统，动物才能够凉爽安逸地生活在那里。你的耳朵好厉害啊!

沙漠狐

亚利桑那沙漠野兔

非洲象

趣闻

有些东方文化认为耳朵大是智慧和长寿的象征，因此就有过生日“揪耳朵”的习俗，以此祝愿小寿星智慧过人、长命百岁。

蚂蚁也有防晒霜?

沙漠里真正的生存冠军当属撒哈拉银蚁。它们身披一层由特殊毛发组成的银色“防护盾”，能够反射太阳光，使它们能够忍受50℃高温长达好几分钟。另外，它们的腿比一般的蚂蚁长，这样它们的身体就能和灼热的沙地保持较远的距离。

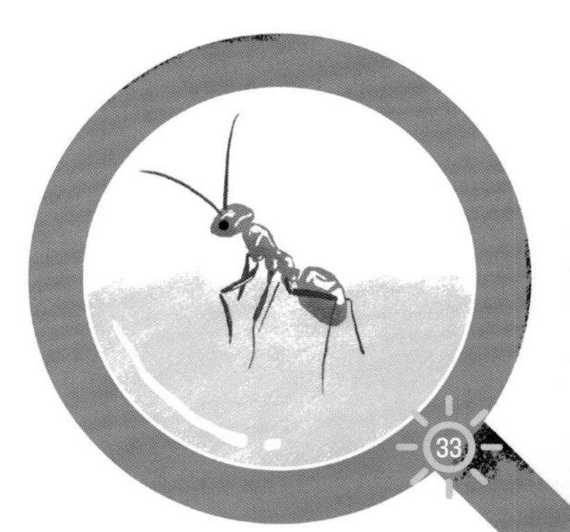

缺水的情况下如何生存?

沙漠动物可以几天滴水不进。它们是怎样做到的呢?

更格卢鼠和骆驼，它们的鼻腔能够“捕获”从肺部呼出的气体中的一部分水蒸气，并再次吸收进体内。澳洲魔蜥全身覆盖的鳞甲上布满小沟槽。每当下雨或者环境变得湿润，落在皮肤上的水顺着凹槽直接流入口中。

纳米比亚的纳米布沙漠是地球上最干燥的地方之一，生活在那里的沙漠甲虫的情况和澳洲魔蜥相似。晨雾中，这种昆虫等候在小沙丘上，低下头，抬高身体，背部朝向潮湿的微风，保持这样的姿势不动，等待雾气在它的防水甲壳上凝结成水滴。当水滴聚集足够大、足够多的时候，就会顺着背上的沟槽流入这种神奇甲虫的嘴里。

植物是越大越好吗?

沙漠地区的树木和灌木通常植株矮小，枝干稀疏，叶片也较小。它们通过这种方式把稀缺的水分分布在尽可能小的面积上，从而减少水分蒸腾。

趣闻

还有些植物，如牧豆树，长着长长长长的根，依靠这些不同寻常的根，吸收储藏在地下深处的水分。

有什么办法可以度过难以忍受的酷热？

炎热地区（如沙漠或大草原）的大多数“居民”只在黄昏时分或夜晚出来活动，以避开炎炎烈日和极度高温。对它们来说，寻找度过白天的隐蔽之所和洞穴非常关键：蜥蜴会藏进沙土里，啮齿类小动物则会钻进小小的洞穴并盖住洞口以阻止热气侵入。

其他动物也都有自己的防暑策略：纳米比亚大象会用自己的尿液或者舌头下的储水袋润湿沙子，然后涂抹在皮肤上。澳洲袋鼠通过舔湿前爪，蒸发唾液带走热量。连这些都没有的时候，没有比拥有一把遮阳伞更好的了：卡拉哈里沙漠松鼠毛茸茸的大尾巴就是它的遮阳伞，太阳转到哪儿尾巴就转到哪儿，以此来保护自己。

你更喜欢白天还是夜晚?

植物通过叶片和其他绿色部分上的气孔与外界环境交换二氧化碳、水蒸气和氧气等气体。一般情况下，气孔白天打开，夜晚闭合。沙漠植物可没有如此挥霍的资本，这样做会因为蒸腾而散失大量水分，所以它们发展出一种“相反”的新陈代谢机制：夜晚才打开气孔。

趣闻

你知道吗？地球上还有寒冷的沙漠。沙漠以降水稀少为主要特征。因此戈壁沙漠（位于蒙古和中国）、西藏的沙漠和安第斯高海拔地区，尽管那里一点也不热，也被认为是荒漠①。

译者注：

①荒凉的沙漠或旷野，根据地表物质可分为沙漠、砾漠、岩漠、泥漠、盐漠等。

为什么有些沙滩滚烫，而有些不烫？

光脚漫步在夏日的沙滩上是一件非常惬意的事情，然而有时候却是不可能完成的任务……为什么有的沙滩滚烫而有的一点也不烫？沙子由**不同成分**的微小颗粒组成。大多数情况下，组成沙子的主要元素是硅，来自被侵蚀或被粉碎的岩石。由于构成沙子的深色物质能很好地吸收阳光，所以棕色的沙子很容易被加热，这些沙滩往往会被晒得滚烫。不同于这种情况，白色沙滩的主要成分是来自珊瑚残骸的碳酸钙，浅色物质能够很好地反射太阳光，所以白色沙滩不易变热，因此你能放心地在白色沙滩上散步。

除了棕色沙滩、白色沙滩，还有由海洋生物残骸构成的粉色沙滩，和因为含氧化铁而呈现红色或橘色的沙滩。另外，含有橄榄石矿物的沙滩会呈现绿色，而火山物质让一些沙滩呈现黑色。多么五彩缤纷啊！

海滩上的沙子从哪里来？

风、雨和融化的冰雪通常会从山上卷携走小块岩石。慢慢地，这些小石头来到河流分布的山谷中，从那里再次启程，被运往大海的方向。在漫长的水上旅行中，它们历经水浪和碎石的撞击打磨，最终来到海边，与贝壳碎片和各种矿物汇合淤积。

趣闻

中国新疆的吐鲁番全年阴雨天不超过三天，那里沙漠的地表最高温度超过 80 ℃！

为什么海水是咸的?

浸泡在雨水、河流或溪水中的岩石，随着时间的推移，其中的矿物盐成分被水提取出来，这一过程称为**浸出**。浸出的盐分溶解在河水中，随河水流入大海。随风飘进大海的火山灰里也含有丰富的矿物盐成分。

水会被太阳蒸发，但盐不会。几百万年过去了，海洋里的盐越积越多，就变成了今天咸咸的海水，平均每公升海水含有约 3.5 克的盐分，相当于一小勺咖啡的量。

是咸的，咸咸的

死海不是海，而是一个巨大的湖泊，四面环山，没有出口。约旦河汇入其中，由于水总是蒸发“逃离”，长此以往造成越来越多的矿物盐留在水中，这使它比真正的海洋还要咸5—10倍。这个特点造成的后果就是死海里任何有机物都无法存活。死海的名字也由此而来！

趣闻

日本艺术家山本基致力于创意盐绘，他仅用盐创作出了一件又一件难以置信的雕塑和错综复杂的迷宫。他的作品是短暂的艺术品：根据他的要求，展览结束后，使用过的盐要送回大海以完成它们的循环。在网上你可以看到他工作的视频！

为什么马路上会形成海市蜃楼？

被照亮的任何物体，比如一棵树，会把到达它表面的部分光线向各个不同的方向反射。如果你和它之间没有障碍物，光线将沿直线方向反射到你的眼睛里，你的大脑对此作出反应，告诉你那里有一棵树。

酷暑高温下，路面温度高于环境温度，这就造成公路表面形成温度不同的多个空气层：贴近沥青的部分温度最高，往上温度逐渐下降，直到和环境温度35℃一致，此处距离地面大约几公分。这些空气层阻止光线“直线”传播，使**光线弯曲**。导致的结果就是使树反射过来的光射向了地面（通常你看不到光撞到马路上），然后再反射到你的眼睛，此时大脑就解释为路面下有一棵“头朝下”的树。另外，空气缓慢的运动让树影看上去有些模糊。可能你已经发现了，大脑显然“知道”马路下面不可能有东西，于是它就解释为那棵头朝下模糊的树是一摊水反射的前方某棵树的影子。不可思议吧，但千真万确！

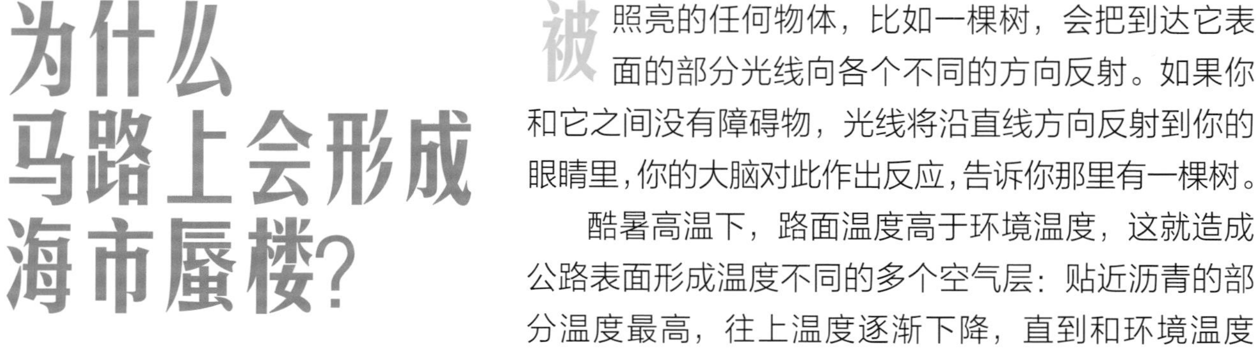

趣闻

研究人员开发出一种可以弯曲光线的材料。如果将这种材料用于物体表面并用光照射它，反射光线会绕开观察者的眼睛，从而达到“隐形”的效果。这可不是魔术，而是纯粹的科学。

一片绿洲！

沙漠里海市蜃楼的形成原因和马路上的一样：灼热的沙子上形成的不同温度的空气层弯曲了光线，并且制造出视觉假象。

蟋蟀为什么喜欢在夏天“鸣叫”？

求偶期的蟋蟀通过摩擦前翅发出“啾啾、啾啾”的叫声，有时候吵得你睡不着觉。可是，为什么蟋蟀喜欢在夏天叫个不停呢？

蟋蟀不会调节体温，因此对外界环境温度变化特别敏感。就像很多化学反应依赖于温度一样，外界温度也直接影响蟋蟀体内的化学反应速度。当温度升高，反应加速，其中就包括控制肌肉收缩，促使翅膀摩擦的化学反应。因此，热天里蟋蟀“鸣叫”的次数增多，频率也会加快。

带翅膀的温度计

1987 年，物理学家和发明家阿莫斯 · 多尔比提出可以通过数蟋蟀鸣叫的次数来估算空气温度。目前，有多种蟋蟀叫声温度计公式，其中最好用的是：当温度处于 5℃—30℃时，数一数 8 秒内蟋蟀的鸣叫次数，然后加上 5，就是当时的温度了。下次你要是想知道天气温度，别忘了找一只蟋蟀和一块秒表！

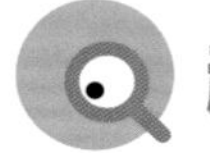

趣闻

意大利的佛罗伦萨每年都会庆祝蟋蟀节，送小孩蟋蟀笼是这个节日的传统。古时候送活蟋蟀，但从 1999 年开始，佛罗伦萨禁止把活蟋蟀装进笼子售卖。从那时起，人们改用塑料或者木头制成的仿真蟋蟀作为礼物。

为什么夏天蚊子这么多！

雌蚊子产卵前需要寻找新鲜的血液来补充营养。夏天你的皮肤比一年中任何时候都要裸露，你自然成为它们的理想目标。雌蚊子吸饱了血必须在有水的地方产卵，而夏天雨水多，留下的积水坑正好为产卵提供了条件。

当蚊子幼虫出生后，它们只需要一周的时间来发育，远远短于冬天需要的两个月。有这么多优越条件的结果是，夏天里，蚊子的数量每两周翻一倍。“嗡嗡、嗡嗡嗡”，可恶的蚊子们！

趣闻

叮人的蚊子不是雄蚊子，而是雌蚊子。每种蚊子有自己的作息时间表：埃及伊蚊通常下午出来活动；普通蚊子或淡色库蚊喜爱夜间活动；白带黄蚊或称“洪水蚊子”是全天的活跃分子。

嗡嗡嗡嗡……

你是不是觉得蚊子总是打扰你的美梦而且乐此不疲？蚊子利用你呼出的二氧化碳来锁定目标。它们总是盘旋在你头部上方，那是因为它们的翅膀非常小，需要靠快速挥动翅膀停留在空中。正是这种行为发出了恼人的嗡嗡声。

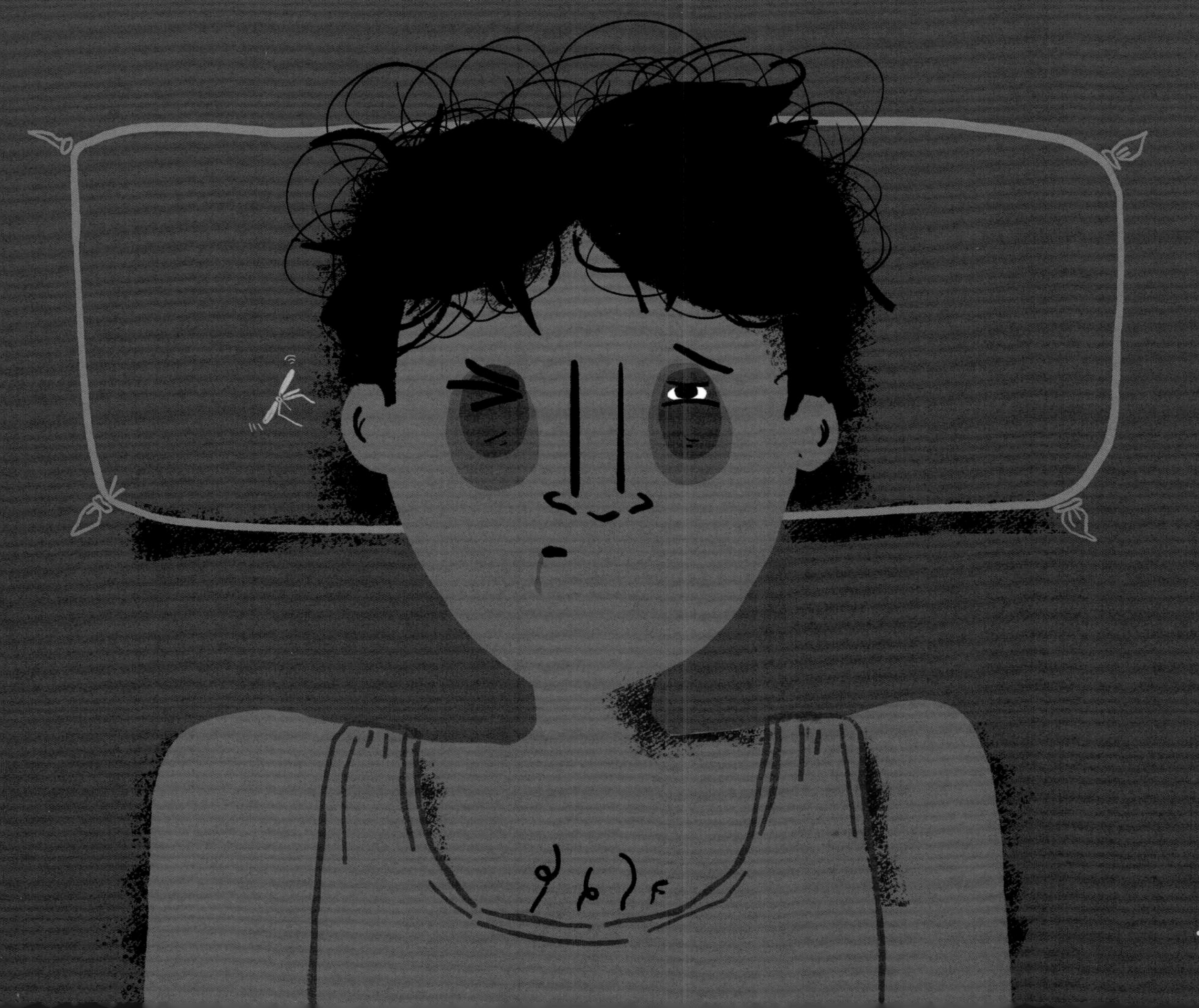

火车“咣当咣当”的声音和夏天有什么关系？

几乎所有的材料都会遇热膨胀，也就是说，它的长、宽、高，以及它的所有部位好像肿起来一样。在某些情况下，金属的这种现象尤为明显。因此，在设计桥梁、铁轨或管道时，专家们会给予特别的重视。

很多年前，铁轨使用螺丝来连接金属轨道。夏天气温升高，铁轨膨胀就成为一个大问题：一节节轨道受热变长，连接部位被挤压变形。铁轨弯曲变形了，完全不能使用！为了避免这种情况的发生，人们在铁轨连接处预留出几毫米的缝隙，叫**伸缩缝**，作用是防止金属膨胀造成铁轨变形或断裂。当你坐火车的时候你很容易辨认它们，你听到的有节奏的“咣当咣当”的声音就是火车通过这些连接部位时发出的声音。

尽管伸缩缝很好地解决了热胀问题，慢慢地人们不再留缝。金属虽然依旧遇热膨胀，但现在，由于一些巧妙结构的应用，轨道的体积变化问题以其他方式得到了补偿，因此，你在旅途中很少能听见恼人的噪声了。

你发烧了吗?

当你发烧的时候，你会用温度计来量体温。温度计是一根细细的玻璃管，里面装有一种银白色的液体金属——水银。当玻璃管接触到你的皮肤时开始受热，水银就会膨胀，顺着温度计的内管上升，就这样测量出你的体温。

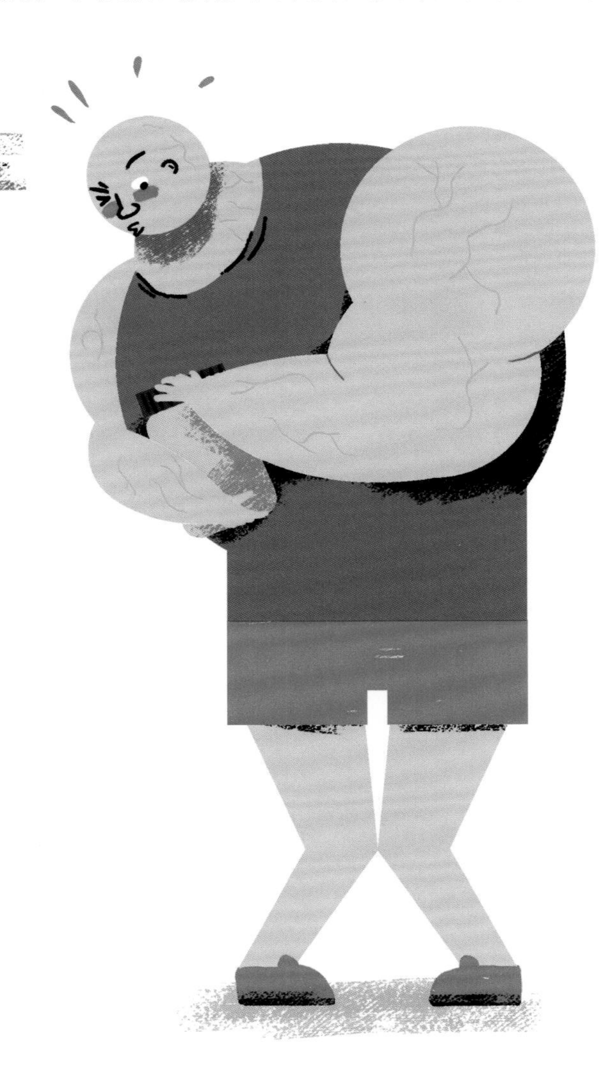

趣闻

活学活用你的热胀知识，来吧！当你下次无法打开玻璃罐子上的金属盖子时，拿到热水下浇一浇。因为金属比玻璃受热后膨胀更大，要不了几秒钟，“咔嗒”，罐子打开啦！

好凉快啊！

夏天正在远去，天气逐渐变凉！周围的景色换成了五彩斑斓的棕色、红色和橙色，这是专属秋天的颜色。树叶开始飘落，地面被它们覆盖。很快我们就能够在铺满干落叶的山中跳跃，听它们在我们的脚下“嘎吱”作响。其他的季节在等待你继续发现科学的奇迹。回头见！

谁写了这本书?

瓦莱里娅 1982 年出生于阿根廷的布宜诺斯艾利斯。从小她就渴望夏天的到来，在凉爽的水中嬉戏。她一次又一次钻入水中，可以游泳玩耍好几个小时，直到皮肤被水浸泡得皱巴巴的。

她是布宜诺斯艾利斯大学的化学博士和阿根廷国家科技研究理事会的研究员，她还是很多科学杂志和科普读物的作者以及多家媒体的专栏作家。

她喜欢夏天，因为夏天是她和全家人：丈夫胡利安、两个孩子——汤米和苏菲，以及小狗“大肚皮”，一起度假的季节。天气非常炎热时，她会在太阳刚刚升起时爬起来，在一个又一个的哈欠中，趁所有人还在梦乡，安安静静地读书……一种平时难得的奢侈享受！

谁画的插图?

哈维尔 1984 年出生于布宜诺斯艾利斯一个寒冷的冬日。他是一名插画师、平面设计师以及布宜诺斯艾利斯大学的设计学教授。童年时候，每年夏天他都要和家人去海边，他喜欢在水里一玩几个钟头。不管是阿根廷冰凉的海水还是妈妈的呼唤，都不能让他终止嬉水。现在成年了，尽管天气再热也很少下海了。就算下海，也不会去潜水，而是缓慢地走进海水，毫无意义地想避免适应冰冷海水的烦人过程。不过这种情况很少发生，因为哈维尔现在更喜欢靠在躺椅上读书或者打盹。

谁译的这本书？

涂小玲 毕业于南京大学西班牙语专业，同年进入中国国际广播电台西班牙语部工作，任中央广播电视总台中国国际广播电台西班牙语副译审，近二十年一直工作在翻译、编辑、记者、播音业务工作一线，策划和主持的节目多次获得中国国际广播新闻奖。

她是一个小男孩的妈妈，平时喜欢陪孩子一起读书，去各地旅行，观察自然，希望给小朋友们翻译更多精彩有趣的童书。